Albert Dastre

Les Agents impondérables de l'Éther

Le savoir
en poche

ISBN : 978-1548246693

10 9 8 7 6 5 4 3 2 1

Albert Dastre

Les Agents impondérables de l'Éther

Le savoir
en poche

Table de Matières

6

Introduction

Le champ de la physique était encombré, il y a cent ans, d'un bon nombre d'agents parasites, distincts de la matière sensible, qui avaient été institués pour fournir l'explication des divers phénomènes — et qui, d'ailleurs, n'avaient pas tardé à se montrer insuffisants à leur tâche. En négligeant l'attraction universelle, — dont Newton lui-même n'a pas dit qu'elle existât, mais seulement que les choses se passaient comme si elle existait, — on comptait au moins six de ces êtres de raison : les deux électricités, les deux magnétismes, le calorique et l'agent lumineux. Et, comme le même corps peut, à la fois, se trouver électrisé, aimanté, chaud et lumineux, c'est une bande de six garnisaires, au bas mot, qu'il devait loger dans ses flancs. Ceux-ci d'ailleurs se casaient chez leur hôte, chacun à sa façon, les uns à la surface, les autres dans la masse, et cela, sans l'alourdir le moins du monde. L'électrisation, en effet, ni l'aimantation, ni réchauffement, ni l'illumination d'un corps n'en augmentent le poids ; il fallait donc que ces hôtes supposés fussent des agents impondérables. D'autre part, leur facilité à se déplacer et à s'insinuer partout en faisait des fluides. Fluides, fluides impondérables, c'était l'appellation commune à cette catégorie qui servait à les désigner.

La physique, par l'introduction des fluides, se trouvait débarrassée de tout autre souci. Les substances particulières, la matière en général, disparaissaient de ses préoccupations. C'est le jeu des agents impondérables et leurs actions réciproques qui réglaient les phénomènes. Le résultat cherché est celui-ci : on veut n'avoir affaire qu'à eux : tout ce qui s'accomplit est leur œuvre. Eux seuls occupent la scène : ils doivent suffire à tout. C'est pour cela qu'ils ont été inventés et dotés d'un petit nombre de qualités choisies.

Cette hypothèse des fluides impondérables qui s'attirent, se repoussent, se neutralisent, qui se transportent, propagent les actions, et forment, en définitive, les seuls agents actifs du monde phénoménal, n'est pas absolument illégitime. Il faut seulement ne lui demander que ce qu'elle peut donner. Elle se justifie *a priori*, par l'avantage de grouper les faits de même catégorie, en les attribuant à un même agent, d'en manifester ainsi l'unité essentielle sous la diversité des contingences et d'en faire apparaître enfin le lien et l'unité de cause.

On pourrait, sans doute, satisfaire à cette nécessité d'une autre façon ; mais c'est celle-là qui, en fait, a été adoptée par les physiciens nos prédécesseurs. L'introduction dans la science des agents impondérables tels que l'électricité, le magnétisme, démembrés bientôt, en fluide positif, fluide négatif, fluide neutre, fluide austral, fluide boréal, marque une époque de l'histoire de la Physique. Leur élimination du domaine scientifique en caractérise une autre. Elle a été l'œuvre maîtresse de notre temps.

Section I

Outre le défaut philosophique de placer la cause hors de l'objet et de créer des entités imaginaires dont l'esprit finit par être dupe, l'hypothèse des agents impondérables offre un autre inconvénient. La supposition du fluide ne se suffit pas : elle en appelle une autre sur les rapports du fluide avec les corps réels. Les phénomènes physiques ne sont pas des jeux de fantômes. Ce ne sont point, par exemple, des fluides électriques positif et négatif, que nous voyons s'attirer ou se repousser : ce sont des corps matériels. Il importe de savoir comment ceux-ci entraînent ceux-là. Il a fallu, en conséquence, imaginer des liens, c'est-à-dire des actions, entre le fluide hypothétique et abstrait et la matière concrète. En électricité, on les a conçues, de diverses manières, sous le nom de *forces pondéro-électriques*. Une nouvelle hypothèse sur les rapports de la matière ordinaire avec le facteur impondérable est donc le complément indispensable de celle que l'on se forge relativement à ce dernier. On a dû, en particulier, dans la théorie ondulatoire de la lumière, supposer des relations d'une certaine nature entre l'éther et les milieux lumineux ou transparents. Ces suppositions annexes, entées sur les principales, apportent un nouvel élément d'indétermination dans la théorie.

C'est là un grand inconvénient ; car, précisément, ce que l'on demande à une théorie physique, ce n'est pas de déchirer le voile qui nous cache le véritable fond des choses, c'est de nous donner, tout artificielle qu'elle soit, une représentation simple et complète des lois de l'expérience. Les hypothèses que nous examinons en ce moment étaient loin de réaliser ces conditions.

Ces constructions théoriques des physiciens du XVIIe et du XVIIIe siècle se sont montrées fragiles. Ils avaient créé trop de fluides. Le progrès de la physique dans tout le cours du XIXe siècle a consisté à réduire le nombre de ces agents hypothétiques, c'est-à-dire, en définitive, à ramener à l'homogénéité des catégories de phénomènes précédemment regardés comme distincts et irréductibles.

Le *fluide lumineux* fut le premier à disparaître, laissant la place à l'éther universel. Cette substitution est l'un des grands événements de l'histoire de la physique. Elle a marqué le triomphe du système des ondulations sur le système de l'émission, à la suite d'une querelle célèbre, qui dura près de deux siècles, et dont les principaux champions ont été Descartes, Newton, Huyghens, Young et Fresnel. Nous allons y revenir.

Puis, ce fut le tour du magnétisme. Avant que l'on connût l'*aimant électrique*, on admettait l'existence d'un fluide austral et d'un fluide boréal, analogues, sur presque tous les points, aux fluides électriques. Leur principale différence résidait dans leur mode de liaison à la matière pondérable. Tandis que ceux-ci sont, en règle générale, mobiles et déplaçantes, les fluides magnétiques, eux, restent, en quelque sorte, rivés aux particules des corps aimantés par des attaches inconnues, qui constituent des actions ou *forces pondéro-magnétiques*. Personne, depuis longtemps, ne croit plus à l'existence réelle de ces fluides, bien qu'on les mentionne encore dans l'enseignement classique. Leur considération est commode, en effet, pour l'exposé des faits généraux du magnétisme comme, dans un au Ire ordre ; d'idées, l'hypothèse de la sphère céleste et le système de Ptolémée pour l'étude élémentaire de la cosmographie. C'est la seule cause qui a retardé pendant quelque temps leur déchéance. La célèbre expérience d'Œrstedt, en 1821, révéla l'action exercée par le courant de pile sur l'aiguille aimantée. Le génie d'Ampère en fit sortir, quinze ans plus tard, l'aimant électrique et toute la science de l'électro-magnétisme, que Gauss et Weber, en Allemagne, complétèrent au point de vue théorique. Entre temps, les expérimentateurs tels que Arago, Biot et Savart, Barlow, Lenz, Faraday, Pixii et tant d'autres après eux, l'enrichissaient au point de vue pratique. Depuis lors, le magnétisme, dans son essence, s'est trouvé ramené à l'électricité et n'en a plus été qu'une simple dépendance.

La déchéance du fluide calorifique ou calorique, a été une œuvre de plus longue haleine. M. Duhem en a exposé, ici même, l'histoire d'une façon magistrale. La chaleur est due à des mouvements moléculaires ; elle est un mode de mouvement. Ce mouvement se communique d'un corps à un autre, par exemple de la source à la main de l'observateur, de l'une des trois manières suivantes : par conduction, c'est-à-dire, par cheminement de proche en proche à travers les corps interposés immobiles, ainsi qu'il arrive lorsque le voisinage d'un foyer élève la température des murs voisins : par convection, si le milieu échauffé se transporte lui-même en masse, ce qui est le cas pour l'air chaud que nous recevons d'une bouche de calorifère ; enfin par rayonnement, lorsque nous tendons les mains vers l'âtre où le feu pétille, ou que nous nous exposons aux rayons du soleil.

La propagation de la chaleur par rayonnement, — du soleil à la terre, par exemple, — n'est pas le fait d'un fluide calorifique distinct, projeté de l'un de ces astres à l'autre, pas plus que la propagation de la lumière, dans les mêmes circonstances, n'est le fait d'un fluide lumineux. Les deux phénomènes ont exactement le même mécanisme : ou, plutôt, il n'y a pas deux phénomènes, il n'y en a qu'un seul. La chaleur rayonnante et la lumière sont un seul et même objet. D'après la conception mécanique adoptée présentement, si nous pouvions nous transporter en un point de l'un de ces rayons solaires et percevoir ce qui s'y passe réellement, nous ne trouverions pas autre chose que le tremblotement, infiniment rapide et infiniment réduit, d'une particule d'éther. Il n'y a rien de plus, objectivement, que ce phénomène simple et nu, d'un corpuscule vibrant. Si cette vibration est mise ultérieurement en rapport avec une rétine, il en résultera une sensation de lumière, par exemple de lumière jaune : si le contact a lieu avec une région de la peau où les terminaisons nerveuses du sens thermique soient développées, cette même vibration provoquera une sensation de chaleur : si, enfin, cette vibration tombe sur la plaque photographique, elle sera l'occasion d'un phénomène chimique. Et, suivant ces occurrences, le même rayon, la même suite de molécules vibrantes, aura mérité les noms de rayon lumineux, de rayon de chaleur, ou de rayon chimique, qui ne sont, comme on le voit, que l'expression des réactions d'un même être objectif sur des réactifs divers ; quelque chose comme les titres et dignités d'un seul et même personnage. Telles sont les idées qui règnent aujourd'hui, en ces matières. Elles ont eu besoin, pour s'établir, d'une série de travaux échelonnés sur un demi-siècle, de 1806 à 1860 environ.

Le fluide calorifique étant allé rejoindre ses collègues magnétiques dans le musée rétrospectif de la science, il ne restait plus, en fait d'agents impondérables, dans le champ de la physique, que les deux fluides électriques, le positif et le négatif, en face de l'éther lumineux. Mais la dualité de l'électricité n'offre pas de nécessité. De tout temps on lui a reproché d'être une hypothèse aussi arbitraire qu'inutile.

Après la découverte de la pile, les physiciens prirent l'habitude de supprimer le fluide négatif de leurs préoccupations, de le sous-entendre ou de l'omettre, et de ne considérer qu'un seul fluide, le fluide positif, circulant dans le sens du courant. Mais, sans sortir du domaine même de l'Electrostatique, la doctrine des deux fluides, fondée sur la différence que le physicien Dufay avait constatée le premier, en 1733, entre les modes d'électrisation par frottement du verre et de la résine, n'avait jamais rencontré un assentiment universel. C'est le savant anglais Boyle qui avait proposé, en 1670, l'idée de fluide électrique ; mais, il n'en avait imaginé qu'une espèce. On s'en était contenté jusqu'à la découverte de Dufay ; on s'en contenta encore longtemps après. Franklin, pour expliquer le fonctionnement de la bouteille de Leyde, n'eut recours qu'à un seul fluide, dont les particules se repoussent mutuellement tandis qu'elles attirent celles de la matière. La quantité de ce fluide est susceptible de varier en plus (électrisation positive) ou en moins (électrisation négative) de part et d'autre d'une charge moyenne normale. La supposition est certainement plus raisonnable que celle qui consiste à admettre deux fluides contraires se neutralisant pour produire l'électricité neutre à laquelle on n'est en mesure d'assigner aucune propriété réelle.

C'est pourtant ce système défectueux des deux fluides, qui a prévalu, après 1759, sous l'influence du physicien anglais Symmer. Toutefois, la doctrine de B. Franklin n'a jamais disparu complètement ; quelques physiciens, et notamment Berlin en 1867, ont essayé de la faire revivre en la modifiant sur quelques points de détail. Plus récemment, on l'a complétée en lui adjoignant une hypothèse relative à l'action de la matière, et on a constitué ainsi, avec un seul fluide électrique, une théorie qui rend aussi facilement compte des faits élémentaires que celle de Symmer, et qui offre, par surcroît, l'avantage de réunir dans une formule unique les lois fondamentales de l'électrostatique et de la gravitation universelle.

Ces considérations ne devaient pas rester sans conséquence au point de vue de l'unification finale des facteurs physiques. Si, en effet, il ne subsistait plus qu'un seul agent impondérable, qu'un seul fluide électrique, à côté de l'éther indispensable à l'explication des phénomènes lumineux, la question devait se poser, et elle s'est posée, en effet, de savoir si ces deux agents, à leur tour, ne pourraient pas être ramenés à un seul, c'est-à-dire à l'éther. Une telle unité majestueuse du monde physique avait souvent séduit l'imagination des physiciens. Mais rien ne la justifiait. Maintenant, au contraire, au lieu d'être un rêve aventuré, elle apparaissait comme une réalité prochaine. Tous les phénomènes allaient pouvoir se ramener aux diverses modalités d'un milieu unique, l'éther universel.

Cette chimère est, en effet, devenue une vérité, de nos jours.

L'idée que le fluide subtil qui est la cause des phénomènes lumineux pourrait être, en même temps, le véhicule des actions électriques, s'était présentée, paraît-il, à l'esprit d'Ampère. Mais, c'est à un autre physicien-mathématicien de génie, Maxwell, que revient l'honneur de l'avoir établie. Il fut le premier à deviner la nature précise des relations qui existent entre les phénomènes optiques et les phénomènes électriques.

On ne doutait pas qu'il n'y eût certains rapports intimes entre les deux ordres de faits naturels. La découverte, en 1845, par Faraday, de l'action de l'aimant électrique qui est capable de faire tourner le plan de polarisation d'un rayon lumineux, avait transformé en certitude le soupçon qui avait hanté les esprits jusqu'alors. Mais de quelle espèce étaient ces rapports, de la lumière à l'électro-magnétisme, c'est-à-dire, en définitive, à l'électricité ? C'est ce que nous ignorerions sans doute encore, si le génie de Maxwell ne les avait établis nettement, dès 1864.

Se fondant sur les faits et les lois connues de l'électro-dynamique convenablement interprétés, Maxwell fit découler mathématiquement la théorie des ondes lumineuses de celle des courants électriques. Il en vint à assimiler l'onde lumineuse qui chemine dans le milieu éthéré à une suite de courants alternatifs, se succédant avec la rapidité déjà attribuée aux radiations lumineuses. Cette onde serait une suite de déformations électriques des molécules d'éther, au lieu d'être une suite de simples excursions de ces molécules, comme on l'admettait jusqu'ici dans la théorie ondulatoire cinétique. Les déformations, — appelées par le physicien anglais courants de déplacements, — caractérisent, au point de vue physique, l'état d'un milieu traversé par des courants électriques alternatifs. Ces alternances fréquentes induisent, conformément aux lois de l'électro-dynamique, d'autres courans alternatifs similaires dans les parties de l'éther voisines des premières, — et c'est ainsi, par ce mécanisme de l'induction, que se ferait de proche en proche la propagation des ondes lumineuses.

C'est de ces données que Maxwell a déduit son système d'équations générales ; formules qui, en effet, sont plus générales, que les idées même qu'elles traduisent, et qui ont été, aussi bien sinon mieux même que celles-ci, consacrées par l'expérience. Toutefois, cette confirmation expérimentale ne leur vint pas tout de suite. Il fallut l'attendre vingt-cinq ans. Ce furent les célèbres recherches de Hertz, en 1887, qui la lui apportèrent. Elle fut éclatante.

Il résulte de là que l'on possède aujourd'hui, en définitive, deux théories de la lumière, après qu'on fut resté fort longtemps sans pouvoir en constituer une. Pendant plus de deux siècles, on a discuté sur la nature véritable de la lumière, et sur l'image qu'il convient de se former de sa propagation dans l'espace. Ces méditations et ces controverses, appuyées sur les découverts expérimentales les plus merveilleuses, ont enfin abouti à une solution d'*ordre mécanique* unanimement adoptée ; c'est la théorie des ondulations ou des ondes lumineuses, constituée par Huyghens, Young et Fresnel, et que l'on devrait appeler la théorie ondulatoire cinétique. Et c'est précisément au moment où ces idées sont devenues classiques, à ce moment d'universel acquiescement, que surgit une solution nouvelle, cette fois d'*Ordre physique*, qui semble remettre en question les résultats acquis. Il s'agit de cette théorie désignée par le nom de théorie ondulatoire électro-magnétique de Maxwell. Ce n'est plus seulement un merveilleux joujou mathématique, comme les physiciens ont longtemps affecté de le croire. Les expériences de Hertz, réalisant après vingt ans les prévisions du savant anglais, jusque dans les détails les plus précis, ont imposé sa doctrine.

La révolution, toutefois, n'est pas radicale. Dans un cas comme dans l'autre c'est encore la propagation par ondes ; la forme essentielle de l'acte de transport reste la même et toutes les conséquences subsistent. Il y a pourtant quelque chose de changé ; et ce quelque chose c'est l'image du phénomène.

Dans le système classique, cette image est d'une parfaite clarté. Une fois levées les premières difficultés relatives à la conception de l'éther, rien n'est plus simple que de se représenter la particule de ce milieu subtil, avec ses rapides mouvements de va-et-vient dans le plan perpendiculaire à la direction du rayon lumineux. Le spectacle, bien connu, des ondes que la chute d'une pierre provoque à la surface d'une eau tranquille, en fournit une représentation matérielle. Les particules de l'eau se déplacent seulement dans la direction verticale, s'élevant et s'abaissant successivement ; on le sait, et on le voit en regardant un corps flottant, une paille, un morceau de bouchon monter et descendre, sans changer de place, sans subir d'entraînement.

Cette clarté de l'explication est d'ailleurs le propre des théories mécaniques : leur caractère éminemment intuitif fait leur mérite. « Je ne suis jamais satisfait, écrit lord Kelvin, dans sa *Mécanique moléculaire*, tant que je n'ai pas pu faire un modèle mécanique de l'objet Si je puis faire ce modèle, je comprends ; si je ne puis pas le faire, je ne comprends pas, et — ajoute-t-il — c'est pour cela que je ne comprends pas la théorie électro-magnétique de la lumière. » Et, en effet, il y a des modèles mécaniques pour représenter le va-et-vient d'une molécule d'éther, ce qui est le fait élémentaire, de la doctrine classique, — et il n'y en a pas, il n'y a pas d'image, pour figurer le fait essentiel, — d'ailleurs très réel certainement, — de la doctrine élec-tro-magnétique, c'est-à-dire le va-et-vient de l'électricité en un point de l'éther, puisque nous n'avons aucune idée de ce qu'est l'électricité. Si nous admettons, avec lord Kelvin, qu'il n'y ait de clarté que dans les explications mécaniques, les théories physiques ne seront jamais claires. D'autre part, sera-t-il possible de donner une théorie vérita-blement mécanique de tous les phénomènes physiques ? La chose est vraisemblable ; mais, en tous cas, elle est loin de sa réalisation.

Nous venons d'esquisser, à grands traits, l'œuvre considérable — et que l'on pourrait appeler l'œuvre philosophique — de la Physique de notre temps, à savoir : l'unification des agents du monde phy-sique. Il faut maintenant reprendre quelques détails de cet exposé pour les préciser. On peut s'appuyer, dans cet examen, sur les nom-breux documents de la littérature physique spéciale ; on peut aussi prendre pour guides un petit nombre de publications d'ordre plus général, comme l'admirable petit livre de H. Poincaré sur la théorie de Maxwell et les oscillations hertziennes, œuvre d'un esprit lumi-neux et profond, et l'étude de J. Thirion sur l'analyse des radiations lumineuses, qui est aussi, en son genre, un chef-d'œuvre de clarté.

Mais la tâche ne sera pas encore complète. Il ne suffirait pas de reprendre les traits du dessin pour les accentuer : il faut compléter le tableau. La découverte des curieux phénomènes produits par les rayons X, par les rayons cathodiques, par les rayons de Becquerel et de Le Bon et par les corps radio-actifs de S. et L. Curie, posent le même problème qui vient d'être résolu pour les phénomènes plus anciennement connus. Il s'agit de savoir si ces faits, d'ordre nouveau, peuvent, eux aussi, s'expliquer par les vibrations, les déplacements ou quelque autre modification de l'éther universel.

Section II

On vient de voir que, de degré en degré, on en était arrivé à attri-buer à un agent unique, l'éther, la plupart des phénomènes du monde physique, et, nommément, ceux de l'électricité, du magnétisme et de la lumière. Tous s'expliquent, en fin de compte, par les modifications imprimées à ce fluide subtil. La plus longue étape de cette marche est celle qui a conduit les physiciens du *fluide lumineux* à l'*éther lumineux*. Un dernier pas les a amenés de celui-ci à l'éther universel, qui n'est, à son tour, que l'éther lumineux lui-même à qui l'on attribue une modalité nouvelle, l'électrique. Toute la conception repose donc sur l'interprétation des phénomènes de l'optique. On connaîtra suffisamment l'éther si l'on connaît les raisons qui ont conduit à adopter le système des ondulations.

Cette théorie célèbre n'est pas née de toutes pièces ; elle n'est pas sortie toute formée du cerveau d'aucun physicien moderne. Elle a son origine dans un concept, le *transport du mouvement* à distance sans transport de matière, qui était familier aux philosophes de l'antiquité et particulièrement à Lucrèce. Celui-ci dérive de la plus simple observation : et il s'oppose à l'autre manière, la plus vulgaire, de réaliser la communication du mouvement à distance, par *transport de matière*. En d'autres termes, on met un corps en mouvement en le frappant avec un autre corps servant de projectile (transport de matière) ; mais on peut le mettre en mouvement sans le frapper avec aucun autre, en utilisant le milieu interposé entre eux (transport de mouvement).

Imaginons un corps léger, paille, papier ou bois surnageant, immobile, sur une nappe tranquille, à distance de l'observateur ; celui-ci pourra faire que le flotteur s'élève et s'abaisse. Il lui suffira d'ébranler, en un point quelconque, la surface de l'eau. Il utilisera l'observation, tant de fois faite, de la pierre qui tombe dans un bassin d'eau dormante : celle-ci déprime la petite surface qu'elle atteint et qui bientôt après se relève en bourrelet saillant : ce bourrelet se dilate et on le voit se propager comme une onde concentrique et sans cesse élargie. C'est de l'observation vulgaire. On constate, et l'observation est déjà, moins banale, que le flotteur ne fait que se soulever et s'enfoncer sur place sans subir la moindre translation. Ce n'est pas l'eau qui se déplace en fuyant le centre d'ébranlement : c'est le mouvement seul qui se propage.

Quant à l'eau, ses particules se comportent comme le flotteur que nous avons imaginé et, qui n'est ici qu'un artifice pour rendre sensible à l'œil leur mouvement. Elles sont soulevées verticalement au-dessus de leur position de repos, sont abaissées ensuite au-dessous, pour y être enfin ramenées. Elles ont exécuté, en fin de compte, une double oscillation ou vibration verticale, c'est-à-dire perpendiculaire à la direction de propagation du mouvement. Les particules d'eau soulevées au même moment dans toutes les directions forment par leur ensemble un bourrelet circulaire qui fait relief ; tandis que les particules déprimées à cet instant représentent en dedans de la circonvallation saillante, un fossé circulaire d'égale profondeur : en deçà et au-delà, s'il n'y a eu qu'un ébranlement, la surface est unie. Il n'y a d'agitation, à l'instant considéré, que dans cette zone déprimée et soulevée. C'est proprement ce que l'on appelle l'*onde*. La largeur de cette zone d'agitation est la largeur de l'onde (on dit : longueur d'onde). Elle représente l'ensemble des parties qui sont en vibra-lion à un instant donné. Un moment auparavant, le même état de choses s'était présenté en deçà : un moment après, il se présentera au-delà. C'est un spectacle qui se transporte successivement en rayonnant du centre ébranlé : l'onde se propage.

Cette propagation de l'onde aqueuse va fournir une image de la propagation de l'onde lumineuse. C'est une raison d'y insister. L'étude attentive d'un phénomène si simple est féconde en enseignements. On dit que Newton méditait sur la chute d'une pomme, et y trouvait l'image de l'attraction universelle ; et nous allons voir que Fresnel a découvert l'explication de la diffraction, et terminé du coup une controverse séculaire en analysant sans se lasser, et en mesurant dans ses moindres détails, un phénomène en apparence futile, capital eu réalité, l'ombre d'une aiguille et l'ombre d'un cheveu. Ne nous lassons donc point d'approfondir le spectacle des ondes qui rident la surface de l'eau, et appliquons-lui les procédés de mesure.

Si, par quelque moyen, nous réussissions à mesurer la largeur de la zone, agitée, en l'envisageant à différents moments, c'est-à-dire à différentes distances du centre d'ébranlement, nous constaterions qu'elle est toujours la même. La longueur d'onde est constante, c'est un élément fixe. D'autre part, l'onde est symétrique : ses points se correspondent deux à deux, s'opposent et se balancent : à un point déprimé, dans la moitié qui forme fossé, correspond un point soulevé d'autant dans celle qui forme relief. Si donc l'on considère deux points distants d'une demi-longueur d'onde, leurs mouvements au même moment, sont égaux et de sens contraires. Les efforts qui les produisent s'annuleraient s'ils étaient appliqués à une même particule.

La mensuration que nous venons d'imaginer serait difficile à exécuter, pour bien des raisons évidentes. Il y en a une autre, également instructive, qui est plus aisée : c'est celle de la vitesse de propagation. L'onde est circulaire : c'est dire que le mouvement chemine avec une égale vitesse dans toutes les directions. Dans une direction donnée, le cheminement s'accomplit aussi dans les mêmes conditions de rapidité ; l'onde progresse d'un mouvement uniforme : la vitesse de propagation de la vibration, dans le milieu, est constante et caractéristique de celui-ci. Au contraire, l'amplitude de vibration des particules d'eau va en diminuant quand l'onde s'éloigne : la hauteur de son soulèvement, la profondeur de sa dépression, s'atténuent ; et à mesure que ses cercles s'étendent, elle-même tend à s'évanouir.

Nous continuons de considérer ici les effets d'un ébranlement isolé, qui n'est suivi d'aucun autre. Il faut supposer qu'en un point de la nappe tranquille on a exercé une percussion légère, unique, solitaire. Par là, un petit élément de surface a été déprimé au-dessous de la position qu'il occupait ; il est remonté au-dessus lorsque la pression a cessé, dépassant son point de départ originel qu'il a regagné, enfin, après une double excursion. En d'autres termes, le centre d'ébranlement a opéré une double oscillation, une vibration complète comparable à celle qu'exécute le balancier de l'horloge écarté de sa position d'équilibre. C'est cette vibration qui a été répétée par les particules voisines, et, en définitive, propagée dans toutes les directions. C'est elle qu'il faut maintenant envisager, puisqu'elle est l'origine et l'image de tout ce qui suit. Pourquoi la petite surface d'ébranlement a-t-elle exécuté ce mouvement pendulaire pour revenir à sa position d'équilibre ?

C'est par suite d'une qualité des corps, — de l'eau dans le cas présent, — qui est l'élasticité. Et cela, c'est une notion expérimentale élémentaire à laquelle nous arrêterons notre analyse — Si, au lieu de l'eau, nous avions agi sur un liquide visqueux ou sur un corps mou, la surface pressée serait restée déprimée, ou bien elle serait revenue lentement à sa place sans la dépasser : elle n'aurait pas exécuté d'oscillation pendulaire ; les phénomènes consécutifs n'auraient pas existé ; il n'y aurait pas eu d'onde transportée, c'est-à-dire point d'ondulation. Les corps mous s'opposent aux corps élastiques, sous ce rapport ; et l'eau appartient à la catégorie des corps élastiques. Mais, cette qualité même est plus ou moins développée suivant la nature des substances. L'eau est moyennement douée à cet égard : il y a des corps qui le sont mieux : on peut en concevoir qui le soient parfaitement.

Ces corps parfaitement élastiques ne subiront pas la moindre pression, le plus petit ébranlement, dans l'une de leurs parties, sans les communiquer immédiatement aux parties voisines : ils ne toléreront point la moindre déformation ; et, dès que la contrainte exercée par l'action étrangère aura disparu, les parties regagneront leur position d'équilibre par une série d'oscillations d'amplitude indéfiniment décroissante. Les types de parfaite élasticité et d'incompressibilité absolue, seront donc la complète antithèse des corps mous, et c'est ce que l'on veut exprimer en disant qu'ils sont parfaitement rigides.

Ce sont précisément ces qualités d'élasticité, dont l'eau vient de nous offrir un très médiocre modèle, qui sont mieux développées dans d'autres substances, que l'on suppose poussées à l'extrême dans l'éther. On voit que cela revient à doter les particules de ce fluide de la propriété de propager à distance indéfinie et avec une vertigineuse rapidité les ébranlements qui leur seront communiqués — et de revenir aussitôt après à leur position d'équilibre par une série de vibrations pendulaires évanouissantes. Ces qualités ne sont ni chimériques ni arbitraires : nous les observons à des degrés divers dans les corps élastiques et incompressibles qui nous entourent ; l'éther les présentera seulement au degré le plus éminent.

Quelques détails sont encore nécessaires. On vient de voir la vibration du centre d'ébranlement se propager sous la forme d'une onde qui comprend une partie creusée et une partie renflée et qui court à la surface du liquide avec une vitesse uniforme. Le mouvement a débuté au centre même à l'instant où la petite surface pressée a commencé à s'enfoncer ; et il a fini, en ce point, au moment où, sa double excursion terminée, cette surface a regagné sa position originelle. L'onde est alors constituée pour la première fois. Elle embrasse toutes les parties auxquelles s'est étendu le mouvement pendant la durée de la vibration du centre. Son front est à la distance que la vitesse de propagation lui permet d'atteindre, dans le temps qu'a duré la vibration centrale. Et puisque, par définition mécanique, l'espace parcouru dans le temps 1 est la vitesse même v, l'espace parcouru dans le temps t sera vt. D'autre part, cet espace vt représente la largeur de l'onde, — dite *longueur d'onde*, — et cela, en vertu de la définition même, puisqu'il embrasse toutes les particules qui ont été mises en mouvement depuis le début de la vibration et qui sont, toutes, encore simultanément ébranlées au moment précis où elle finit. La longueur d'onde est donc mesurée par le produit de deux nombres : l'un, qui exprime la vitesse de propagation dans le milieu, — l'autre qui exprime la durée de la vibration.

Nous voici bien près d'en avoir fini avec ces notions préliminaires, indispensables à l'intelligence du mouvement ondulatoire. Il ne reste plus qu'un dernier détail à préciser. On vient de suivre la naissance, le transport et l'évanouissement d'une onde unique provoquée par un ébranlement solitaire du centre. Il n'y a pas de difficulté à saisir ce qui arrivera si, après un délai arbitraire, on provoque un second ébranlement qui suit le premier : une deuxième onde suivra la seconde, à une distance facile à supputer. Puis une troisième, s'il se produit un troisième ébranlement. Et ainsi de suite. La surface de l'eau sera ridée par une série d'ondes concentriques qui courent les unes après les autres.

C'est ce qui arrive, en effet, dans le cas ordinaire où le premier ébranlement communiqué au centre a été suffisamment violent. Et il l'est toujours dans le phénomène naturel de la chute d'une pierre dans un étang. La petite surface centrale exécute une seconde vibration après la première, une troisième après la seconde. Seulement, *ce n'est pas un délai arbitraire qui les sépare.* La seconde vibration commence sans délai, aussitôt que la première a fini : et, conséquemment, l'onde deuxième emboîte le pas à la première sans intervalle ; et, de même, la troisième à la seconde, et ainsi de suite. Toute la surface du liquide est en action : les ondes successives se touchent. L'observation démontre l'équidistance des ondes. Et il suit de là que la longueur d'onde, au lieu de se mesurer d'une extrémité à l'autre d'une même onde, peut se mesurer aussi bien entre les crêtes de deux ondes successives : la distance est la même puisque, comme on l'a constaté tout à l'heure, toutes les ondes ont même longueur. Mais, si ces deux mensurations sont équivalentes en principe, elles ne sont pas indifférentes, en fait : l'une est facile à exécuter, tandis que l'autre est impossible. On conçoit qu'une photographie instantanée puisse fournir la distance de deux crêtes, c'est-à-dire la longueur d'onde.

Il y a encore autre chose dans le phénomène naturel ; c'est que chacune de ces vibrations du centre a la même durée. Et ce fait, qu'un ébranlement un peu fort fait naître en ce foyer central une suite de vibrations de même durée et se succédant sans intervalle est essentiel pour la théorie. Le système des ondulations s'appuie, en effet, sur ces deux fadeurs d'égale importance : la loi de la propagation qui concerne l'ensemble du milieu ; la loi de périodicité pendulaire de l'ébranlement, qui concerne le centre.

Il ne faudrait pas dire que ce soient là des considérations élémentaires et trop évidentes. L'exemple d'Huyghens répond à ce reproche. L'illustre physicien avait réservé toute son attention à la seule loi de propagation, c'est-à-dire à la manière dont se transportent les ondes solitaires. Et, c'est pour cela qu'il n'a pu mettre sur pied la théorie ondulatoire ; c'est pour cela qu'il n'a pu prévoir ni les interférences, ni la diffraction, et qu'il a laissé à Young et à Fresnel l'honneur de faire triompher la doctrine nouvelle. D'ailleurs, c'est la même cause qui agit au centre pour transformer la percussion solitaire en une vibration pendulaire périodique, et qui agit au-delà pour donner au mode de propagation ses caractères si remarquables. Cette cause, c'est l'élasticité. La constitution élastique du milieu qui règle les circonstances du transport ondulatoire du mouvement, qui sont les conséquences éloignées de l'ébranlement initial, n'en règle pas moins rigoureusement les conséquences locales. Les deux faits ne doivent pas être séparés.

Il ne reste plus qu'à tirer la conclusion de ces trop longues considérations. C'est que les caractères du mouvement ondulatoire sont au nombre de deux : la périodicité de la vibration, la constance de la vitesse de propagation.

On peut donner d'autres expressions à ces vérités. On peut envisager l'ensemble du phénomène à un instant précis, et l'on verra qu'alors les points successifs d'une même onde offrent toutes les phases de vibration, tous les états vibratoires par lesquels passe le centre d'ébranlement pendant la durée d'une vibration complète, c'est-à-dire pendant une *période*. D'autre part, on peut envisager le phénomène en un point précis, quelconque, et l'on verra que ce point, au cours d'une période, reproduira les phases qui sont représentées au même moment par tous les points d'une onde. On peut dire, plus brièvement, avec J. Thirion, que le caractère du mouvement ondulatoire c'est que la périodicité du phénomène originel se retrouve, à la fois, dans le temps et dans l'espace. Elle est la propriété caractéristique, et pour ainsi dire, la définition de l'éther lumineux. Cette double périodicité peut être exprimée, en mathématiques, par les fonctions circulaires ; et, ce sont elles, en effet, qui fournissent les équations du mouvement ondulatoire.

On vient de voir quel secours peut apporter, à l'intelligence de la théorie des ondulations, l'analyse de cet humble phénomène, futile en apparence, la chute d'une pierre dans un bassin tranquille. Il y a un autre modèle qui n'a pas été moins utile aux physiciens : c'est celui des vibrations sonores. Le son, en effet, est engendré par des vibrations et propagé par des ondes. Le mouvement se passe dans l'air, au lieu de se produire dans l'eau ou dans l'éther : il offre avec ceux qui s'accomplissent dans ces derniers milieux des analogies essentielles, et il peut donc servir à les éclairer.

Il faut lire dans les lettres d'Euler à une princesse d'Allemagne les développements de cette comparaison entre la lumière et le son, présentés avec la précision et l'élégance qui en font un chef-d'œuvre d'exposition scientifique. D'autre part les vibrations de l'air présentent avec celles de l'eau et celles de l'éther des différences remarquables, relatives, l'une à la rapidité de la vibration, et qui est surtout sensible en ce qui concerne l'éther ; l'autre relative à la direction de la vibration, qui se fait dans le sens de la propagation, au lieu de se faire perpendiculairement à cette direction. Aussi y a-t-il beaucoup de phénomènes lumineux qui ont leurs analogues en acoustique, et quelques autres, celui de la polarisation, par exemple, qui n'y ont pas de correspondants. L'un des avantages qu'offre ce parallèle, c'est de permettre à l'esprit, qui perd pied dans les abstractions de la théorie lumineuse, de se retremper dans les réalités de la théorie sonore. Les vibrations qui produisent le son, nous les saisissons directement ; le doigt les sent, dans la cloche qui résonne : l'œil les voit dans le diapason à miroir : il y a mieux, le graphophone les fixe sur la cire amollie : il donne la facilité de les examiner à loisir et permet, enfin, de reproduire les sons eux-mêmes en faisant répéter ces vibrations par une membrane docile. Il n'y a pas lieu d'insister ici sur cet ordre d'idées. On connaît maintenant ce qu'il faut pour comprendre les deux systèmes qui se sont disputé l'explication des phénomènes lumineux.

Section III

Il y a trois choses à considérer dans la lumière : le corps qui l'émet, l'œil qui la reçoit, le milieu qui la transmet. Mais, de ces trois objets il y en a un dont le physicien n'a pas à connaître, c'est l'effet sur l'œil et la sensation spécifique qui en est le résultat. Placé au point de vue objectif, il n'a pas à se préoccuper des faits de l'ordre psychique, qui intéressent la conscience du sujet. Sa tâche est donc de définir l'état particulier qui constitue le corps à l'état de source lumineuse, et de déterminer la nature du phénomène de propagation. De ces deux problèmes, celui qui est relatif à la nature de la propagation offre la plus haute importance ; et c'est à lui qu'il convient de s'attaquer d'abord ; on verra, d'ailleurs, que la connaissance approfondie de l'état du milieu propagateur entraîne celle de la source elle-même.

Quelle est la vitesse de ce mouvement de propagation ? Quelle en est l'exacte direction ? Les premiers physiciens ont cru que la lumière se propage d'une manière instantanée et en ligne droite. Instantanéité et direction rectiligne, sont devenues, en quelque sorte, les traits caractéristiques du mouvement lumineux, dans l'opinion commune. Le trait de lumière symbolise la soudaineté absolue. Le rayon lumineux est le type et l'étalon de la rectitude. Et pourtant, en toute rigueur, l'une et l'autre de ces idées sont fausses.

L'erreur relative au temps de la transmission est celle qui a le moins duré. Dès le XVIe siècle, l'idée de l'instantanéité commence à être battue en brèche. Entre le moment où la lumière se produit en un point, et le moment où l'effet s'en fait sentir en un autre point, l'observation la plus attentive ne peut saisir aucun intervalle. On croyait qu'il n'y en avait pas, que la transmission était, en quelque sorte explosive et foudroyante, en entendant ces mots comme exclusifs de toute durée ; en d'autres termes, que la vitesse de l'agent lumineux était *infinie*. Si deux points, situés avec la source lumineuse sur une même ligne droite, sont exposés au même instant précis à son action, il importerait peu que l'un fût près et l'autre loin ; ils recevraient la lumière au même moment, la différence de leurs distances, si grande qu'elle soit, étant nulle, en comparaison de la rapidité de la lumière. Voilà tout au moins ce que l'on croyait avant Bacon. Le célèbre philosophe mit en doute les fondements de cette croyance : il émit l'idée que le phénomène de la transmission avait une durée appréciable. Galilée, un peu plus tard, la crut mesurable, et il tenta, en effet, de déterminer la vitesse du mouvement lumineux. Ce n'est que longtemps après que Rœmer y parvint, par une méthode astronomique, en utilisant les occultations du premier satellite de Jupiter. Ses calculs, corrigés par Delambre, ont fourni le chiffre de 310 000 kilomètres à la seconde. Les recherches ultérieures l'ont peu modifié. Les merveilleuses expériences de Fizeau, en 1839, celles de Léon Foucault à partir de 1850, les déterminations nouvelles de A. Cornu, en 1873 et 1875, permettent d'adopter, pour la vitesse de la lumière dans l'air, le nombre de 300 000 kilomètres, soit 75 000 lieues par seconde. Un des résultats incidents de ces recherches, obtenu par Foucault, est de la plus haute conséquence au point de vue de la doctrine de l'éther ; c'est, à savoir, que la vitesse de la lumière dans l'eau est plus petite que dans l'air. Ce résultat serait incompréhensible dans le système de l'émission.

La seconde de ces erreurs communes qui régnaient relativement à la propagation de la lumière, est celle de fa direction de ce mouvement. Que l'on ouvre un traité de physique, à l'article « lumière, » et l'on y trouvera, établie dès la première page, celle loi : « la lumière se propage en ligne droite, dans tout milieu homogène. » Mais cet énoncé que nos prédécesseurs prenaient dans son sens rigoureux et comme une vérité de principe, nous savons que c'est seulement une vérité approchée, c'est-à-dire, en définitive, une erreur. Et, cette assertion, en effet, inscrite au fronton de l'optique, comme un axiome, on la déclare fausse, quelques pages plus loin, au chapitre de la diffraction. Nonobstant, on déduit les conséquences de ce principe suspect, et la première est la notion du *rayon lumineux* : c'est le nom que l'on donne à toute droite émanée d'un point de la source lumineuse, considérée comme une direction de propagation. Cette notion, à son tour, devient le fondement de toute l'optique géométrique. RI le sert à tracer les ombres portées par les corps opaques, ainsi que les images formées par les miroirs et les lentilles, et enfin à expliquer les lois de la réflexion, de la réfraction et de la dispersion.

Dans la pratique ordinaire cette manière de faire est sans inconvénients, parce que les circonstances où la loi est en défaut sont singulières et que les erreurs qu'elle entraîne sont insignifiantes. Mais en théorie il n'en est pas de même. La loi de la propagation rectiligne était prise dans son sens absolu par Newton. Dans la lutte des deux systèmes, elle a été le cheval de bataille des partisans de l'émission : c'est elle qui a opposé l'obstacle le plus tenace à l'adoption de la doctrine de l'éther.

Newton, dans son ouvrage sur l'Optique, écrivait ces lignes que nous citons en suivant à peu près mot à mot la traduction de J. Thirion : « Les ondes formées sur une nappe d'eau tranquille glissent le long des corps solides qu'elles rencontrent, et, après les avoir dépassés, s'infléchissent, se dilatent et se diffusent peu à peu à la surface de l'eau, dans l'espace abrité par ces obstacles. Il en est de même des vibrations de l'air qui transmettent le son : elles s'infléchissent d'une manière évidente, quoique moins marquée, puisque l'interposition d'une montagne ne nous empêche pas d'entendre le son d'une cloche ou la détonation d'un canon placés de l'autre côté. La lumière, au contraire, marche droit devant elle ; elle ne connaît pas ces détours, et *jamais elle n'envahit les ombres portées par les corps opaques.* »

Mais Newton se trompait, en fait. Lorsque la source lumineuse est de faibles dimensions, lorsqu'elle se rapproche d'être un point lumineux, le contraste de l'ombre et de la lumière n'est pas tranché comme cela devrait être si la lumière ne faisait pas de détours. Les ombres réelles sont plus larges que les ombres géométriques ; elles sont fondues sur leurs contours et bordées de franges colorées. Les premières observations de ce genre ont été faites par le P. Grimaldi et publiées par lui en 1665. Dans l'impossibilité de les expliquer par la propagation rectiligne, par la réflexion, ni par la réfraction, il admettait une quatrième manière de se propager : la diffraction. Newton a connu ces faits et il a tenté vainement de les expliquer.

Si, pour un moment, nous négligeons cette difficulté, et que nous nous mettions à la pince d'un physicien qui aurait vécu avant 1665, deux systèmes s'offriront à nous pour expliquer la propagation de la lumière. Nous serons dans l'alternative de choisir entre les deux seuls modes que suggèrent l'observation et l'imagination elle-même, pour la transmission du mouvement. Le premier de ces modes est le transport de matière. Le projectile lancé par une pièce d'artillerie fournit alors l'image de l'agent lumineux projeté par la source. Il faut seulement supposer la trajectoire infiniment tendue. Négligeons la difficulté de concevoir la vitesse de ce prodigieux trajet : elle est inévitable, et le système adverse, des vibrations de l'éther, nous impose une obligation analogue. De quelle nature seront ces projectiles ? Ils ne sauraient être formés de la matière pondérable que nous connaissons. La lumière, en effet, se propage dans le vide. Celle qui nous vient des corps célestes a traversé le vide interplanétaire ; dans nos laboratoires, il en est de même de celle qui traverse le vide expérimental : il est contradictoire de croire que celui-ci puisse être sillonné par des courants de matière pesante. D'ailleurs l'illumination d'un corps n'en augmente point le poids. Il s'agit donc ici d'une matière spéciale, subtile et impondérable, *le fluide lumineux*, dont les particules sont émises par la source, dans toutes les directions, en ligne droite ; elles traversent tous les corps transparents, se réfléchissent comme des billes sur les surfaces, et se réfractent au contact des milieux différents. Il y en a de diverses couleurs ; groupées en paquet, elles nous sont envoyées ensemble et donnent à l'œil l'impression de lumière blanche ; mais l'artifice du prisme les sépare et nous les révèle dans l'étalement du spectre. Tel est le système de l'émission ; encore appelé système du fluide lumineux, ou théorie du rayon lumineux.

Le système opposé, celui des ondulations, s'inspire, comme nous l'avons dit, du deuxième mode de communication du mouvement, du transport sans matière. La propagation des ondes à la surface de l'eau nous en a donné un premier exemple : la propagation du son dans l'air en est un second. Dans celui-ci ce sont les particules de l'eau qui vibrent ; dans celui-là ce sont les particules de l'air, c'est-à-dire, les éléments du milieu propagateur. La vibration dans les deux cas se transmet, dans toutes les directions, c'est-à-dire suivant toutes les droites qui rayonnent du centre d'ébranlement. Seulement, dans le cas de l'eau, les vibrations en chaque point sont perpendiculaires à la direction de la propagation, c'est-à-dire au rayon : dans le cas de l'air elles s'exécutent suivant cette direction même. *A priori*, on pourrait hésiter sur celui des deux types qu'il convient de choisir pour la lumière. Le phénomène de polarisation va nous obliger, tout à l'heure, à fixer notre choix sur le type perpendiculaire au rayon.

Ce qui vibrera, dans le cas de la lumière, ce seront les éléments du milieu propagateur ; et celui-ci ne saurait être ni l'air, ni l'eau, ni aucune matière pondérable, car la lumière n'a besoin d'aucune matière pour se propager. Ce sera donc un milieu nouveau. Le raisonnement le plus serré nous accule ainsi à la supposition d'un milieu spécial, qui doit exister partout où la lumière est susceptible de se propager, et qui d'ailleurs, pour remplir son office, devra être continu, élastique et incompressible : c'est l'éther. Il faut qu'il imbibe, en quelque sorte, tous les corps, et que nous puissions faire abstraction de ceux-ci, dans les phénomènes lumineux.

Et cependant, si indépendant que soit cet éther de la matière pondérable, il est inévitable qu'il ait des relations avec elle et qu'il s'exerce, de l'une à l'autre, certaines actions. La nature de ces rapports (*forces pondéro-éthériques*) entre le milieu éthéré et les corps matériels, considérés soit en repos, soit en mouvement, ne peut être établie directement, et elle semble abandonnée à la fantaisie des théoriciens. En réalité, elle est imposée par la nécessité de rendre compte du phénomène de la réfraction, pour les corps au repos ; et, en ce qui concerne les corps en mouvement, par l'obligation d'expliquer le curieux phénomène astronomique de l'entraînement des ondes, indiqué théoriquement par Doppler en 1842, mais reproduit artificiellement et mesuré dans ses éléments par Fizeau dans son expérience célèbre de 1848.

Tel est, à grands traits, ce système des ondulations, auquel on est acculé, par une logique rigoureuse ; si l'on ne préfère accepter l'autre système, celui de l'émission. Il faut, maintenant, le préciser, en en fixant les détails. On devra ensuite le confronter ainsi que son rival, avec les faits, afin de décider si l'un ou l'autre n'est pas en contradiction sur quelque point avec l'expérience. Ce procès, que nous évoquons à nouveau, a rempli la fin du XVIIIe siècle et le commencement du XIXe : il a été jugé définitivement ; et nous n'avons plus qu'à en rappeler brièvement les péripéties et la conclusion.

Albert Dastre

Section IV

« Une chose dont nous sommes certains, dit quelque part lord Kelvin, c'est la réalité et la matérialité de l'éther lumineux. » Les fondements logiques de cette certitude, en effet, sont au moins aussi puissants pour une intelligence de cette trempe, que le témoignage même des sens, dont on connaît, d'ailleurs, les limites de pénétration, l'infirmité et les aberrations. L'éther ne nous est pas révélé directement par aucun sens ; il l'est par les phénomènes dont il est le facteur nécessaire. L'hypothèse de l'éther n'implique aucune abdication de la part d'un esprit scientifique et critique. En revanche, elle dérange notablement les habitudes d'un esprit concret.

Une première difficulté est de nous représenter son ubiquité et de la concilier avec l'existence des corps sensibles au repos ou avec la liberté de leurs mouvements. Ceux-ci, à la surface de la terre, se déplacent dans l'éther lumineux, comme s'il n'existait pas. D'autre part, les corps célestes, les comètes s'y meuvent avec la plus grande facilité. Il pénètre notre atmosphère sans en modifier les propriétés, et sans éprouver lui-même de modification sensible, puisque, si l'on raréfie l'air dans un récipient, la transmission de la lumière ne subit, de ce chef, que des changements à peu près inappréciables. En d'autres termes, l'éther du vide se comporte comme l'éther de l'air. Il imbibe tout ce qui existe dans l'univers, comme l'eau imbibe une éponge. Nous savons que la matière pondérable n'est pas continue : qu'elle est composée de particules séparées par des espaces. L'éther remplit ces espaces. Quelle que soit l'idée que nous nous formions des particules matérielles, molécules ou atomes, il faut imaginer des intervalles entre ces parties où l'éther est présent. L'image du phénomène n'offre pas de difficultés si l'on en considère les degrés. Il y a de l'air dans la terre végétale, il y en a dans les masses de sable et dans les murs de nos habitations, il y en a dans l'eau que nous buvons et qui, sans cela, ne serait pas potable : nos sens ne nous l'y montrent point.

Le corps matériel est immergé dans l'éther, comme une nasse ou un filet à larges mailles, dans l'eau d'une rivière, et si les déplacements de ces engins dans ce milieu compact sont si faciles, combien plus aisés doivent être ceux de la matière, plus massive à la vérité que notre filet, mais qui ne rencontre devant elle que le fluide le plus subtil qu'on puisse concevoir. La répartition universelle de l'éther, la résistance insignifiante qu'il oppose nous obligent donc seulement à lui attribuer une densité extrêmement faible. Et c'est cette idée précise qui est impliquée dans le mot intentionnellement vague que nous avions employé jusqu'ici, lorsque nous l'appelions un fluide subtil.

Une autre difficulté à la conception du rôle lumineux de l'éther est la rapidité prodigieuse que doivent présenter ses mouvements vibratoires. L'énormité des nombres qui l'exprime confond notre imagination. C'est par trillions, c'est-à-dire par millions de millions, que se comptent les vibrations exécutées en une seconde, par la particule d'éther qui produit ou propage la lumière : s'il s'agit de lumière rouge sombre, le nombre de ers oscillations doubles est de 484 trillions à la seconde : pour le jaune, le vert, le bleu et le violet, il s'élève successivement à 544, 586, 654, 709. Les longueurs d'onde correspondantes s'expriment en millièmes de millimètre ou millionièmes de mètre. C'est l'unité adoptée ici, de même d'ailleurs qu'en micrographie : c'est le *micron*. Les longueurs d'onde correspondant aux diverses couleurs varient de 0,620 microns pour le rouge à 0,551 : 0, 512 ; 0,459 ; 0,423 pour le jaune, le vert, le bleu et le violet. Ce sont les longueurs d'onde que détermine le physicien ; et, de là, il conclut les durées de vibration, autrement dit, leur nombre par seconde.[1] Cette détermination, d'ailleurs, n'a rien de particulièrement difficile. Elle se déduit de la mesure précise de plusieurs phénomènes tels que ceux des anneaux colorés, des interférences en général, ou de la diffraction. Dans une conférence faite à l'Institut Franklin de Philadelphie, devant un public profane, lord Kelvin s'est amusé à faire exécuter cette opération par ses auditeurs eux-mêmes, au moyen d'un réseau de diffraction. Le nombre trouvé, dans des conditions si peu favorables, a été exact au centième près.

La dépense de force nécessaire pour l'exécution de mouvements si rapides serait prodigieuse, si la masse de l'éther avait une valeur appréciable ; et, c'est là une nouvelle raison pour conférer à ce fluide une très faible densité.

La constitution de l'éther se précise et se complète à mesure qu'on le confronte à chaque phénomène nouveau. Il faut voir comment le fait expérimental se traduit dans la mécanique ondulatoire, c'est-à-dire quelle manière d'être il suppose de la part du fluide lumineux. Une complication assez grande, dans cette étude, résulte du fait que les sources ordinaires, naturelles ou artificielles, émettent des lu-

---

1 On a vu, plus haut, que la longueur d'onde est la distance franchie par l'onde pendant la durée d'une vibration. Dans le cas de la lumière elle est donc égale au produit de la vitesse de propagation (300 000 kilomètres, par seconde) par la durée de la vibration. Si on la connaît, on connaît donc, par cela même, la durée de la vibration, c'est-à-dire le nombre qu'il s'en produit par seconde, pour la lumière considérée.

mières de couleurs diverses. La lumière blanche est un mélange de radiations que le prisme dissocie dans l'ordre de leur réfrangibilité. Il fournit des radiations simples, monochromatiques. Le pinceau lumineux qui tombe sur un prisme, deux fois brisé par les réfractions qu'il y subit, en sort dévié, dilaté, et teint des couleurs de l'arc-en-ciel. Ce sont trois espèces de modifications dont la connaissance a été successive. Kepler, en 1611, s'attacha à expliquer la déviation : le Père Grimaldi, en 1665, observa la dilatation du faisceau émergent qui, reçu sur un écran, y dessine une bande allongée, au lieu du cercle ou de l'ellipse que forme, dans les mêmes conditions, le faisceau incident. Quant aux colorations, c'est Newton qui les étudia en 1667. On avait observé déjà ces irisations ; Kepler lui-même avait énoncé sous le nom d'*axiome sensuel* le fait que, « les rayons fortement réfractés se teintent des belles couleurs de l'arc-en-ciel ; » mais on n'en savait point la raison. Newton la fit connaître. Il rattacha les trois particularités l'une à l'autre en montrant qu'elles étaient toutes trois les conséquences d'une même cause, la différence de réfraction. Il en fit un phénomène unique, la *dispersion*. Et, en fin de compte, il tira de cette belle expérience du spectre solaire toute l'optique des couleurs.

Dans la théorie de l'émission, où l'on n'a à considérer que le rayon lumineux, l'explication est extrêmement simple. Il suffit de dire, avec Newton que chaque lumière a un indice de réfraction différent : la géométrie la plus élémentaire rend compte du reste.

Dans la théorie des ondulations, l'explication est plus laborieuse. Il faut faire une hypothèse sur la manière dont l'éther se comporte dans les différents corps transparents suivant leur réfringence. On admet que les différentes couleurs du spectre — on l'a vu, tout à l'heure, par anticipation — se distinguent par la rapidité de la vibration : il y en a un peu plus de 400 trillions à la seconde pour le rouge et un peu moins de 800 pour le violet. A chaque couleur simple du spectre est attaché un nombre de vibrations qui en est caractéristique, ou, ce qui revient au même, une longueur d'onde caractéristique. Jusque-là, tout est simple et facile. Mais la théorie, pour être entièrement satisfaisante, exigerait un complément qu'elle n'a pas encore reçu, ainsi que le fait observer J. Thirion.[2] C'est là une légère imperfection.

---

2 L'explication ondulatoire de la réfraction fait de l'indice de réfraction d'un milieu transparent quelconque une grandeur liée à la vitesse de propagation de la lumière dans ce milieu, par rapport à sa vitesse dans le vide. Or l'indice de réfraction variant d'une couleur à une autre dans le même milieu réfringent, il faut donc que les différentes couleurs y présentent des vitesses différentes. Ce n'est pas ce qui a lieu dans le

Négligeons-la, et voyons seulement les conséquences de l'explication ondulatoire des couleurs.

Le caractère de la couleur est dû au nombre des vibrations de l'éther ; la hauteur du son est due au nombre des vibrations de l'air. A cet égard, la lumière est à l'éther ce que le son est à l'air ; ou, comme disait Bertin, elle est le *son de l'éther*. Le spectre solaire est la gamme des couleurs dont les nombres de vibrations croissent une par une, d'une manière continue. La gamme sonore n'a pas cette continuité. La gamme la plus continue, la *gamme chromatique*, procède encore par bonds : les nombres des vibrations diffèrent au moins d'un *comma*, c'est-à-dire, dans le rapport de 80 à 81. Un chat tombant sur un piano, un enfant qui en ferait vibrer à la fois toutes les touches ne produirait pas encore, au point de vue sonore, quelque chose de comparable à ce qu'est le spectre solaire au point de vue lumineux. Et, cependant, au point de vue de la sensation, le spectacle du soleil est harmonieux pour l'œil, tandis que le jeu dont nous parlons serait affreusement discordant pour l'oreille. On pourrait comparer plus exactement à la gamme harmonique le spectre d'un gaz incandescent, qui lui aussi est discontinu, et qui présente seulement une série de raies brillantes éclatant sur un fond sombre, comme les notes isolées d'un accord. En analyse spectrale, cette sorte d'accord lumineux caractérise chaque substance, à la façon de ces héros du drame musical, qui ont chacun leur *leitmotiv* particulier pour révéler leur présence ou annoncer leur entrée.

La connaissance de l'éther lumineux vient de faire un nouveau pas, grâce à la notion de la diversité des vibrations dont il est susceptible, vibrations dont le nombre est compris entre 400 et 800 trillions par seconde. Elle est l'octave des couleurs, et le nom est mérité, cette fois, puisqu'il s'agit de vibrations dont le nombre varie du simple au double, comme pour les notes extrêmes de la gamme ordinaire. Toutes les autres couleurs sont composées ; ce sont des combinaisons de celles-là. Mais, l'inventaire des vibrations lumineuses n'est pas encore complet. On connaît des vibrations plus rapides que celles qui donnent la sensation du violet ; on en connaît de plus lentes que celles qui donnent la sensation du rouge. Et comment les connaît-on ? Par le spectre lui-même qui les montre isolées, séparées, analysées, en deçà du rouge, dans ce que l'on appelle la région

---

vide, d'après les observations astronomiques des planètes. Il faudrait trouver une loi de dispersion qui expliquât ces particularités, en les rattachant aux rapports de l'éther et de la matière, dans le milieu considéré. Les plus grands mathématiciens, parmi lesquels Cauchy, l'ont vainement cherchée.

Albert Dastre

infra-rouge, ou, au-delà du violet, dans la région ultraviolette. Leur présence là montre bien que rien de plus ne distingue ces rayons que ce qui distingue les autres, c'est-à-dire les longueurs d'onde, ou les nombres de vibrations auxquelles ils correspondent, émanés du soleil avec les autres, confondus avec ceux-ci. Jusqu'à la rencontre du prisme, ils ont subi les mêmes réfractions. Seulement, ils n'exercent pas sur la rétine d'action qui provoque la sensation de lumière. On les manifeste dans l'infra-rouge au moyen du thermomètre, de la pile thermo-électrique ou du bolomètre : ce sont des radiations calorifiques. Elles forment deux octaves environ au-dessous de la partie lumineuse du spectre, depuis le chiffre de 30 trillions à 200, et de 200 à 400, où ce spectre calorifique rejoint le spectre lumineux. Les radiations ultra-violettes sont signalées par leur action sur la plaque photographique, par les phénomènes de fluorescence ; et, en général, par les effets chimiques. Elles sont dites *actiniques*. Elles embrassent l'étendue d'une octave environ ; de 800 à 1 600 trillions de vibrations. Il y a, au résumé, trois sortes d'effets principaux dus aux radiations extraites, par le prisme, de l'émanation solaire : l'effet lumineux, l'effet calorifique et l'effet actinique. Mais il y en a vraisemblablement d'autres, moins connus ; et, par exemple, d'après G. Le Bon, l'effet radio-actif. L'effet actinique s'étend à partir du jaune en allant vers le violet. L'effet calorifique va, en sens inverse, depuis le bleu jusqu'à l'extrémité du côté rouge. Il y a des parties où les vibrations sont capables des trois espèces d'actions : d'autres où elles n'en produisent que deux : d'autres enfin où elles en déterminent une seule. Ceci n'indique, entre elles, aucune différence essentielle. Elles sont homogènes les unes aux autres : la différence est moins en elles, qui ne se distinguent que par la rapidité du mouvement, que dans les réactifs qu'on leur oppose et qui répondent, chacun suivant sa nature, à quelques-unes d'entre elles et non aux autres. Il n'y a, en réalité, que des radiations de diverses réfrangibilités, c'est-à-dire des vibrations de l'éther de diverses fréquences ou de diverses longueurs d'onde, croissant, d'une façon continue, d'une extrémité à l'autre du spectre.

Un nouveau progrès a été accompli, le jour où l'on a connu le sens de la vibration lumineuse, et où l'on a su qu'elle était perpendiculaire à la direction du rayon. Cette notion nous a été fournie par les phénomènes de polarisation.

Il n'est pas possible, ici, d'entrer dans de bien longs détails, à cet égard. Il faut se contenter du fait essentiel et de sa conclusion générale. Le fait de la polarisation est, tout entier, dans l'anecdote relative au physicien Malus qui l'a découvert. Il regardait, de sa fenêtre, les vitres du palais du Luxembourg, illuminées par le soleil, et il considérait le faisceau lumineux réfléchi qui lui arrivait. Il l'examinait au travers d'un cristal transparent de spath d'Islande, qu'il faisait tourner entre ses doigts. Son étonnement fut grand en constatant qu'à un certain moment la lumière était éteinte : le champ de vision était obscur. Le fait d'un certain faisceau de lumière qui ne traverse pas un corps transparent est remarquable. Il faut que ces rayons aient subi (par suite de leur réflexion sur les vitres) une modification singulière ; car la lumière ordinaire traverse parfaitement le cristal de spath, et fournit même, habituellement, deux images des objets qui l'émettent. De quelle nature était cette modification ? L'expérience elle-même répond à la question, puisque l'extinction se produisait pour une certaine position du cristal que l'on faisait tourner autour du rayon lumineux. C'était la preuve que le rayon de lumière naturelle n'était pas identique à lui-même, dans tous ses azimuths : il n'était point symétrique autour de son axe, mais, au contraire, *orienté, polarisé*. Un rayon de lumière naturelle, qui, lui, ne présente pas de particularité de ce genre, qui n'est pas arrêté par le cristal, comment qu'on fasse tourner celui-ci autour du rayon, peut donc être transformé en rayon polarisé, c'est-à-dire orienté. Tel est le fait. Et, maintenant, en voici la conclusion. Dans le rayon polarisé, il faut que la vibration soit perpendiculaire à la direction du rayon, car, si elle s'accomplissait dans le sens de sa longueur, tout serait parfaitement symétrique, aucun azimuth ne se distinguerait d'un autre ; l'extinction, pour une position particulière n'aurait pas lieu. Elle ne saurait, non plus, être oblique, car elle pourrait alors fournir une composante longitudinale qui ne serait pas arrêtée par le spath et qui empêcherait l'obscurité complète. La vibration lumineuse est perpendiculaire à la direction du rayon. Et, c'est là un nouveau caractère remarquable de cette vibration. Il faut bien noter que ceci ne signifie point que l'éther ne puisse vibrer longitudinalement, suivant la direction de propagation : cela indique seulement que la vibration lumineuse n'est pas de ce type.

Les interférences constituent encore un nouvel ordre de faits devant lequel les partisans du système de l'émission ont dû se déclarer, non seulement impuissants, mais vaincus, car il est nettement contradictoire à son principe même. Tout au contraire, la théorie de l'éther lumineux y a trouvé sa plus éclatante vérification. C'est la théorie, en effet, qui a amené les deux grands physiciens, Young en Angleterre et Fresnel en France, opérant indépendamment l'un de l'autre, à prévoir les interférences : elle leur a permis d'organiser les deux expériences fondamentales nécessaires à l'observation du phénomène, à savoir l'expérience des deux fentes de Young et celle des deux miroirs de Fresnel ; enfin elle en a donné l'explication complète poussée jusque dans le dernier détail. Il n'est pas nécessaire de décrire ces expériences célèbres et d'en déduire toutes les conséquences. Il suffit d'en indiquer le principe et la conclusion la plus générale. Cette conclusion, c'est que la lumière ajoutée à la lumière peut produire l'obscurité. Un écran éclairé par deux sources lumineuses capables, l'une et l'autre, de l'illuminer si elles agissent séparément, peut être plongé partiellement dans l'obscurité si on les fait opérer simultanément : il présentera une alternative de plages sombres et de plages brillantes, c'est-à-dire les *franges de Fresnel*.

L'observation commune paraît nettement contraire à un tel résultat. Nous ne voyons pas qu'en allumant deux bougies nous soyons moins éclairés qu'avec une seule et que des franges alternativement claires et obscures viennent barioler le champ d'illumination. Cela tient à ce que les conditions du phénomène sont si particulières qu'il faut l'habileté artificieuse du physicien pour les réaliser. La vibration lumineuse, avec ses deux phases périodiquement opposées, permet d'en entrevoir la possibilité.

On conçoit que, si deux ondes identiques, mais en retard l'une sur l'autre d'une demi-longueur d'onde, viennent aboutir sur une particule d'éther et la solliciter simultanément, elles pourront s'annihiler réciproquement ; alors le point restera inéclairé. Si, au contraire, la différence des distances aux deux sources identiques, — la différence de marche, ainsi qu'on l'appelle, — est d'une longueur d'onde, ou d'un nombre entier de longueurs d'onde, les deux sollicitations étant de même sens, les effets s'ajouteront et l'illumination sera doublée. Young et Fresnel ont combiné le dispositif convenable pour que les effets lumineux se contrarient ainsi ou s'ajoutent d'une manière permanente, dans les mêmes parties du champ. Mais, on comprend bien aussi que, si ces conditions très particulières ne sont pas réunies, il se produira en chaque point du champ une sorte d'état moyen et confus d'illumination : et c'est précisément ce qui se produit dans les cas ordinaires.

L'interférence de deux lumières produisant l'obscurité établit nettement que l'agent lumineux ne peut être une grandeur absolue : il ne saurait être un fluide matériel, agissant par sa quantité, puisque en additionnant des quantités de matière on aurait toujours un total supérieur à chacune d'elles. Il faut que la lumière soit une grandeur qui comporte des oppositions de signe, en un mot une *grandeur vectorielle*, afin que le résultat de l'addition algébrique de deux d'entre elles puisse être moindre que chacune, ou même nul. C'est là la conséquence obligatoire de l'interférence. La vibration lumineuse, telle que nous avons été conduit à l'imaginer, réalise parfaitement cette condition.

La dernière défaite du système de l'émission s'est produite sur le terrain de la diffraction. Nous avons vu précédemment que Newton considérait la propagation rectiligne de la lumière comme une vérité absolue contradictoire à la théorie des ondes. C'était sa forteresse inexpugnable. « La lumière ne connaît pas de détours, disait-il ; elle n'envahit jamais les ombres portées par les corps opaques. Le projectile lumineux émis par la source suit inflexiblement son trajet, capable de ricocher contre une surface, — et c'est la réflexion ; capable de pénétrer dans un milieu matériel et d'y subir une déviation, — et, c'est là la réfraction ; incapable d'exécuter des mouvements tournants. L'observation des systèmes d'ondes connus ne montre rien de pareil. Le son se propage par des ondes : mais aussi il n'y a pas d'ombres sonores : un écran qui protège contre une balle, ne protège pas l'oreille contre le bruit de la détonation. Les ondulations formées à la surface de l'eau tranquille sont dans le même cas : le mouvement arrêté par un obstacle le contourne et se propage derrière lui.

L'argument paraissait solide. L'expérience en a eu raison. Nous avons vu que lorsque la source lumineuse présente des dimensions très petites et qu'elle tend à se réduire à un point, on voit les ombres réelles s'élargir et dépasser l'ombre géométrique. Newton qui connaissait le fait, très gênant pour son système, imagina une sorte d'action de ricochet exercée sur les projectiles lumineux qui touchent le bord de l'écran, par laquelle ils sont rejetés latéralement. Mais ce n'est pas seulement vers le dehors que la lumière est repoussée, c'est aussi vers le dedans. Contrairement à ce que Newton a affirmé, la lumière envahit l'ombre. Il y a des franges lumineuses intérieures. Un cas remarquable est celui offert par un petit écran circulaire : au centre de l'ombre géométrique, il y a un point lumineux : une aiguille fine, un cheveu, éclairés par une source linéaire, fournissent des systèmes de franges alternativement claires et obscures. C'est Fresnel qui signala ces phénomènes et en fournit l'explication rigoureuse au moyen de la théorie des ondes.

Il restait une dernière tâche à accomplir pour que le triomphe du système de l'éther fût complet. Il fallait expliquer pourquoi, dans les cas ordinaires, la propagation en ligne droite est le fait d'observation indéniable. C'est ce que l'on démontre, par une judicieuse application du principe de Huyghens qui permet de calculer la résultante des ondes efficaces qui sont transmises de tous les points de l'onde envahissante. Il serait excessif d'aborder ici des considérations si complètement mathématiques.

Nous avons maintenant achevé la tâche que nous nous étions assignée. Nous avons fourni au lecteur attentif l'occasion de connaître les épisodes les plus remarquables de la lutte entre les deux systèmes qui se sont disputé l'explication des phénomènes lumineux, et le triomphe de la théorie de l'éther.

En même temps nous avons appris à connaître la constitution de ce milieu, telle qu'elle ressort de la concordance parfaite de l'expérience avec la théorie. Cette constitution est celle d'un milieu parfaitement élastique et incompressible, répandu dans tout l'univers et éminemment propre à la production du mouvement vibratoire, dont les deux caractères essentiels sont la périodicité et la constance de la vitesse de propagation. Ces caractères suffisent à entraîner, dans l'ordre expérimental, l'existence des interférences, communes, en effet, aux vibrations sonores, aux vibrations de la surface des eaux, et aux vibrations lumineuses. Les autres traits, relatifs, par exemple, à la direction transversale des vibrations, aux relations de l'éther avec la matière des corps transparents, et correspondant, dans l'ordre expérimental, à la polarisation et à la diffraction, sont moins généraux et plus spécifiques de la vibration lumineuse.

Or, il est remarquable que, précisément, tous ces phénomènes aient pu être reproduits au moyen des ondes électriques hertziennes. Les interférences, le phénomène des lames minces, la réfraction, la polarisation, la diffraction, ont pu être imités exactement. L'électricité se présente donc, dans ces conditions, comme un système d'ondes, non pas seulement voisines des ondes lumineuses, mais entièrement superposables à elles, et c'est pourquoi, — au lieu de deux systèmes ondulatoires, l'un pour l'électricité, l'autre pour la lumière, — la théorie de Maxwell conclut à la confusion complète de la lumière avec l'électricité.

ISBN : 978-1548246693